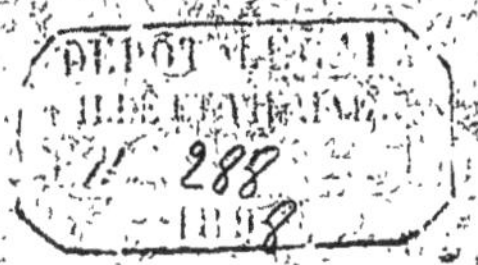

VICTOR CAILLEUX

DE LA LONGUE DURÉE

DU

Rétrécissement Mitral Pur

Société d'éditions scientifiques
BASÉE SUR LA MUTUALITÉ
4, Rue Antoine-Dubois
PARIS

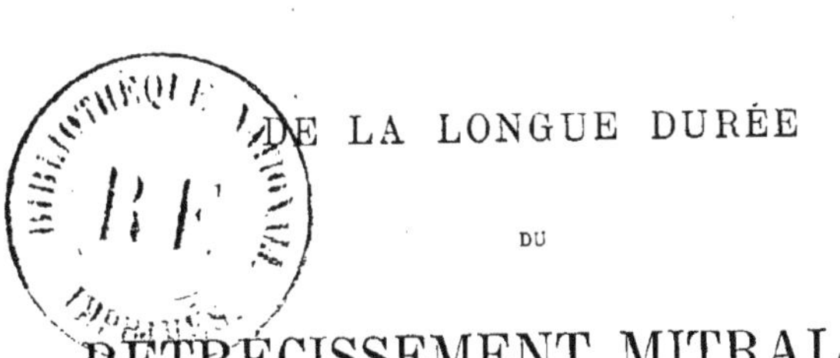

DE LA LONGUE DURÉE

DU

RÉTRÉCISSEMENT MITRAL PUR

DE LA LONGUE DURÉE

DU

RÉTRÉCISSEMENT MITRAL PUR

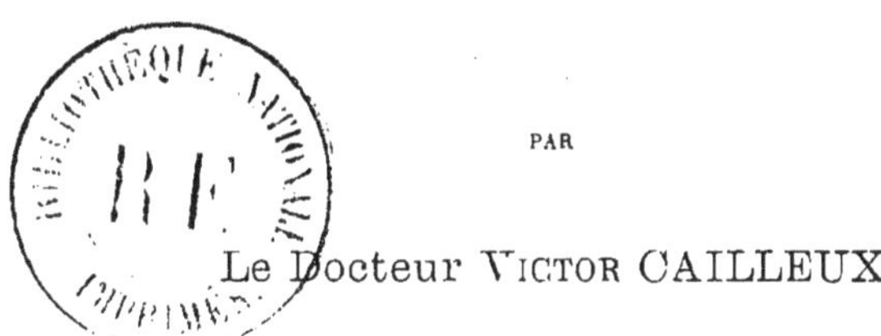

PAR

Le Docteur VICTOR CAILLEUX

DE LA FACULTÉ DE MÉDECINE DE PARIS

PARIS

SOCIÉTÉ D'ÉDITIONS SCIENTIFIQUES

PLACE DE L'ÉCOLE DE MÉDECINE

4, Rue Antoine-Dubois, 4

—

1898

A LA MÉMOIRE

DE

MON PÈRE & DE MON GRAND-PÈRE

A MA MÈRE

Faible témoignage de ma reconnaissance
et de ma profonde affection.

A MA FAMILLE

A MES AMIS

A MON PRÉSIDENT DE THÈSE

M. le Professeur POTAIN

MEMBRE DE L'ACADÉMIE DE MÉDECINE, MEMBRE DE L'ACADÉMIE DES SCIENCES
OFFICIER DE LA LÉGION D'HONNEUR

DE LA LONGUE DURÉE

DU

RÉTRÉCISSEMENT MITRAL PUR

INTRODUCTION

La connaissance relativement récente du rétrécissement mitral pur par l'admirable description qu'en a donnée Duroziez a non seulement introduit dans la pathologie des maladies du cœur une entité morbide nouvelle, mais a élargi singulièrement les rapports que l'on soupçonnait exister entre les lésions cardiaques et l'organisme en général. Sans doute on n'ignorait pas les différences de l'évolution du rétrécissement aortique infantile et de l'insuffisance du même orifice, et des observations nombreuses, suivies avec soin, avaient démontré que le premier est mieux supporté et pendant plus longtemps que la seconde. Sans doute aussi il n'avait point passé inaperçu que le rétrécissement aortique congénital ou infantile s'accompagnait d'un état particulier de l'organisme, faible ou moyen développement, étroitesse de calibre des artères, sorte d'infantilisme résultant de la moindre quantité de sang admis dans l'aorte à chaque systole ventriculaire et commandé en quelque sorte par le défaut d'engagement, d'entraînement au développement du système circulatoire en général et de là à l'accroissement de l'organisme.

Mais l'insuffisance aortique étant une lésion longtemps tolérée, parce que longtemps compensée par l'admirable vaillance du ventricule gauche, il n'apparaissait pas d'une manière formelle que les rétrécissements orificiels dussent être d'une manière générale particulièrement compatibles avec une plus longue existence que les insuffisances des mêmes orifices.

Cette différence d'évolution entre les sténoses et les insuffisances du cœur qui pourrait être corroborée par l'étude clinique des mêmes lésions des orifices de la tricuspide et de l'artère pulmonaire a trouvé dans l'étude de plus en plus approfondie du rétrécissement mitral par une confirmation manifeste que nous voulons étudier. Le pronostic des affections du cœur, qui semblait devoir être (et qui est encore dans les livres) déduit en quelque sorte comme s'il était régi par des lois de mécanique hydraulique, doit être au contraire envisagé d'une manière plus compréhensive et trouver sa solution véritable pour le rétrécissement mitral en particulier, dans l'étude de l'organisme en général aussi bien et même plutôt que dans les conditions anatomiques et pathologiques du cœur.

Il nous semble, en un mot, que hormis les cas de rétrécissement mitral où la sténose est si serrée qu'elle n'est pas compatible avec une survie prolongée, si l'hypertrophie compensatrice du myocarde joue, tôt ou tard, suivant la nature du rétrécissement mitral pur, un rôle de premier ordre, il est un phénomène d'ordre général, plus important quoique peu mis en lumière, qui explique mieux la latence et la longue durée de cette affection : nous voulons parler de l'adaptation de l'organisme à la lésion, phénomène biologique, acte vital pourrait-on dire, bien différent de la compensation. Celle-ci est déjà un acte pathologique qui marque le début de la lutte entre un organe de fonction restreinte et un organisme qui réclame une activité circulatoire plus grande.

L'on pourrait dire à la vérité que la compensation est aussi un acte d'adaptation de l'organe central ; mais même sous cette dénomination quelle dissemblance entre cette adaptation restreinte, si puissante qu'elle puisse être, active et déjà pathologique, et l'adaptation générale, passive, de tout l'être aux conditions nouvelles de la vie.

Cette adaptation nous l'avons trouvée esquissée dans la « Clinique médicale de la Charité » sous la plume de M. Potain ; elle a été nettement affirmée et entièrement formulée par M. Huchard dans ses « Notions générales sur le traitement de l'appareil circulatoire », du Traité de Thérapeutique de Robin. Elle a été en outre commentée et développée dans plusieurs de ses cliniques à l'hôpital Necker.

Intéressé par plusieurs observations de longue survie chez les multipares atteintes de rétrécissement mitral pur et désireux d'étudier particulièrement les conditions de cette survie dans notre thèse inaugurale, nous avions d'abord l'intention de donner un cadre plus grand à ce travail. Mais pressé par des circonstances qui nous interdisaient toute recherche bibliographique, nous avons dû restreindre cette étude à l'examen des facteurs qui favorisent la longue durée de cette maladie, et écarter de son cadre l'examen des causes pathologiques qui en modifient l'évolution. C'est pourquoi ne figurent dans ce mémoire ni les modifications apportées par la grossesse ni les troubles que déterminent les maladies intercurrentes à déterminations pulmonaires, cardiaques, etc...

Nous avons grand plaisir à présenter suivant l'usage nos remercîments à tous ceux qui nous ont bienveillamment aidé de leurs conseils pendant le cours de nos études et à M. le Professeur Potain qui nous fait l'honneur d'accepter la présidence de notre thèse.

Que notre premier et respectueux souvenir s'adresse à nos maîtres de l'École de médecine d'Amiens et d'abord à la mémoire du regretté Dr Mollien, médecin en chef de l'Hôtel-Dieu.

Que MM. les Drs Bax, Peugniez, Moulonguet, Decamps, Dhourdin, Bernard, que MM. Moynier de Villepoix, Bor,

Dubois, veuillent bien recevoir nos plus vifs remerciements pour l'enseignement qu'ils nous ont donné.

Que le Dr Fournier, qui nous a toujours montré une cordiale sympathie et qui nous a instruit dans l'art de l'obstétrique, reçoive l'assurance de notre très vive gratitude.

A Paris nous avons profité, trop peu à notre gré, des belles leçons de M. le Professeur Dieulafoy et du service si intéressant de M. le Dr Peyrot.

C'est aux cliniques de M. le Dr Huchard, à l'hôpital Necker, que nous avons compris le grand intérêt des maladies du cœur. Que ce maître éminent veuille bien accepter nos sentiments de reconnaissance.

Nous ne saurions oublier non plus M. le Dr Launay, prosecteur des hôpitaux, qui a dirigé avec zèle nos exercices de médecine opératoire.

Qu'il nous soit permis enfin de témoigner publiquement notre gratitude et notre inaltérable amitié à notre excellent condisciple et ami le Dr Émile Baillet, ancien interne des hôpitaux, dont les conseils nous ont été si précieux dans l'étude des maladies du cœur et dans le travail que nous avons entrepris.

CHAPITRE I

Les différentes variétés du rétrécissement mitral pur.

Comme la plupart des lésions orificielles du cœur, le rétrécissement mitral est souvent consécutif à une endocardite aiguë, ordinairement rhumatismale. La proportion de ces cas, si l'on s'en rapporte à Duroziez et à Duckworth, est d'environ 50 à 60 °/₀ du nombre total, et comme le rhumatisme articulaire aigu est particulièrement fréquent et nocif pour le cœur dans l'adolescence, c'est de quinze à trente ans qu'on le voit le plus souvent apparaître sous cette influence.

S'accordant parfaitement avec les observations particulières des praticiens, des statistiques, notamment celle de M. le professeur Landouzy et de Mme Marshall, basée sur un examen de cinq cent huit cas qui appartiennent pour le plus grand nombre aux registres du London Hospital, au Dr Duckworth, aux bulletins de la Société anatomique, et pour le reste aux deux auteurs précités, démontrent formellement ce que l'on supposait déjà, à savoir que le rétrécissement mitral pur est surtout l'apanage du sexe féminin dans la proportion des deux tiers et qu'il se montre surtout chez la femme de dix-huit à trente-cinq ans.

Ici déjà une remarque s'impose. Le rhumatisme articulaire aigu étant plus fréquent chez les hommes que chez les femmes, la contradiction se manifeste entre la prédominance de la sténose mitrale pure chez la femme et l'infréquence relative du rhumatisme chez elle. Dès maintenant, nous pouvons prévoir que cette lésion orificielle doit apparaître sous l'influence d'une autre cause que le rhumatisme. Grisolle avait déjà fait cette remarque en écrivant : Dans la majorité des cas cependant, le rétrécissement se développe sourdement, lentement, sans que l'on puisse démontrer à aucune époque l'existence d'une inflammation de la membrane interne du cœur.

Tous les auteurs admettent aujourd'hui qu'un bon nombre de ces sténoses pures, la moitié environ, sont indépendantes de toute attaque de rhumatisme, de chorée, de maladie infectieuse, et qu'elles apparaissent sous l'influence d'un processus morbide de nature indéterminée. D'ailleurs elles sont plus précoces, elles remontent à l'enfance, au premier âge, à la vie intra-utérine peut-être, tout au moins à une époque où le rhumatisme articulaire aigu est rare, puisqu'il se montre exceptionnellement au-dessous de cinq ans.

Aussi Duroziez admet-il que le rétrécissement infantile doit être séparé du rétrécissement mitral infectieux ou toxique rhumatismal, scarlatineux, plombique, syphilitique, typhique, impaludique.

C'est également l'avis de M. le professeur Potain. Nous

lisons dans l'article de Teissier (clinique médicale de la Charité) que le rétrécissement mitral existe surtout dans les cas où le rhumatisme n'a joué aucun rôle, et que si le rétrécissement pur n'est pas indépendant du rhumatisme il s'associe tout au moins à ses formes les plus légères, les plus insidieuses et les moins fébriles.

Que cette forme de rétrécissement mitral pur soit en relation directe avec la tuberculose atténuée et héréditaire, comme M. Potain l'a observé dans certains cas, comme différents auteurs l'ont également soutenu pour le rétrécissement pulmonaire, qu'elle soit même le vestige indélébile d'une endocardite fœtale, qu'elle représente une hérédité directe de lésion semblable du même orifice comme Servin en a publié des exemples (Thèse de Paris 1896), ou qu'elle dépende enfin d'une malformation cardiaque d'ordre indéterminé qui pourrait être dans certains cas hérédo-syphilitique ainsi que nous avons cru l'observer une fois, il n'en est pas moins certain qu'elle existe, qu'elle revêt une physionomie particulière qui la distingue, qu'elle mérite d'être étudiée à part sous le nom de rétrécissement mitral pur congénital ou plutôt cliniquement infantile pour ne rien préjuger de son origine.

A ces deux formes de rétrécissement pur, l'une rhumatismale, acquise, rétrécissement des adolescents et des jeunes adultes, l'autre de l'enfance, infantile, il convient aujourd'hui d'en ajouter deux autres dont la connaissance est plus récente. La première, directement opposable au rétrécissement infantile, survient à un âge avancé, vers la cinquantaine, ou tout au moins dans la vieillesse artérielle, sous l'influence même de l'artériosclérose dont elle n'est qu'une localisation anatomique rare. Ce rétrécissement des artérioscléreux a fourni à un élève de M. Huchard, le Dr Blind, le sujet d'une thèse fort intéressante qui met en relief la physionomie propre de cette sténose, dont l'existence, pour être rare, n'est pas plus discutable que celle des insuffisances athéromateuses aortique et mitrale (Huchard).

La deuxième, dont nous ignorons la valeur réelle, dont l'existence nous paraît même douteuse, a été admise par quelques auteurs. Ordinairement transitoire, elle pourrait persister pendant deux ou trois années chez des hystériques (Picot, congrès de Bordeaux 1895). Elle a été étudiée récemment par le Dr Chevereau (Faux rétrécissement mitral, ou rétrécissement spasmodique, thèse de Paris 1896) sous l'inspiration de M. Cuffer. Malgré que cette sténose passagère ne puisse, au sens propre du mot, constituer un véritable rétrécissement, nous lui accordons une courte description dans cette étude parce qu'elle serait capable d'en imposer pendant plus ou moins longtemps pour une sténose pure, infantile ou rhumatismale.

Étude clinique des différentes variétés du rétrécissement mitral pur.

Rétrécissement mitral infantile.

Si, comme nous l'avons dit, son origine n'est pas déterminée, cette variété de sténose n'en revêt pas moins un caractère particulier et souvent identique sous ses différents aspects.

Elle se présente le plus souvent chez une jeune fille dont rien dans les antécédents ne rappelle une maladie infectieuse à déterminations endocardiques. Les antécédents héréditaires sont quelquefois entachés de tuberculose sans qu'il soit toujours permis de conclure chez la malade à une affection de même nature. L'aspect général est celui d'une personne malingre, chétive, la taille est peu élevée, l'embonpoint médiocre, l'ossature mince. Pendant de longues années on n'a rien remarqué d'anormal, à part peut-être un essoufflement rapide dans l'effort et quelquefois une gêne à partager les ébats des enfants de son âge.

A l'époque de la puberté, où le développement doit

s'accomplir rapidement, il semble qu'il y ait un arrêt de croissance qui se manifeste également du côté des organes génitaux. Les règles surviennent plus tardivement que de coutume et sont le plus souvent irrégulières. Les grandes lèvres et le pubis sont peu développés et le bassin peut garder un type infantile. Les viscères sont en harmonie avec ce faible développement général, l'utérus reste petit, la cage thoracique étroite suffit à loger des organes qui ne sollicitent pas par leur accroissement une place plus grande. Le cœur notamment conserve un petit volume que la percussion démontre. Les artères sont naturellement petites, d'un calibre étroit, en rapport direct avec le volume du cœur, et c'est véritablement à l'étroitesse générale du système circulatoire qu'est due l'imperfection du développement de tous les systèmes et de tous les viscères.

L'aspect extérieur peut être celui d'une chlorotique avec troubles digestifs menstruels et nerveux, tels que céphalée, crises de nerfs ou même un état hystérique semblable à celui que Giraudeau a observé chez des hommes atteints en même temps de malformations sternales et de sténose mitrale, de rareté du système pileux. Ce type pseudo-chlorotique, d'ailleurs bien connu et parfaitement décrit dans les auteurs classiques, répond à l'heureuse dénomination de chlorosis mitralis que lui a donné M. Huchard.

Il peut revêtir aussi le type de la tuberculose. De tels malades sont en effet sujets aux bronchites tenaces et persistantes, à la toux, à l'oppression, aux hémoptysies, et en fait il ne s'agit pas toujours de fausse tuberculose si l'on s'en rapporte aux notions étiologiques mises en lumière par M. Potain, mais bien quelquefois d'une tuberculose pulmonaire entravée dans son évolution par la sténose mitrale dont elle pourrait être dans certains cas la cause directe.

Mais déjà, il est rare qu'un examen provoqué par un tel état n'ait pas décelé les signes physiques du rétrécissement mitral. Ces signes, rarement constatés pendant l'enfance, apparaissent en général (parfois sous l'oreille, Roux, Huchard), au moment de la puberté, sous l'influence de l'effort du cœur et de l'accroissement de l'activité circulatoire que réclament les besoins d'un organisme qui se transforme rapidement et tend à s'achever.

Il est des cas enfin, et ils ne sont pas rares, où la lésion reste latente et méconnue bien plus longtemps, sans doute parce que l'imperfection du développement maintient l'équilibre entre le cœur et l'organisme entier, ou bien parce que le degré de la sténose est compatible avec une circulation suffisante à l'accroissement de l'individu jusqu'à son complet développement. Alors pas de fausse chlorose, pas d'aspect tuberculeux, le porteur de la lésion est considéré comme normal malgré que l'on puisse noter un léger essoufflement dans l'effort, des battements précipités du cœur à l'occasion d'une course, de l'ascension d'un escalier.

C'est dans ces cas qu'à l'occasion d'une maladie intercurrente, d'un embarras gastrique, l'auscultation fait découvrir les signes du rétrécissement insoupçonné. Cette constatation absolument fortuite peut encore se produire à l'occasion d'une grossesse, de la première notamment.

Des troubles fonctionnels du caractère le plus alarmant et dont l'étude a été faite par Peter, Porak... peuvent apparaître dès le milieu de la grossesse, prédominant sur le poumon — ruptures vasculaires, infarctus —, sur le cœur — apoplexie auriculaire, dilatation du cœur droit; — la période de latence est dès lors troublée jusqu'à l'accouchement et même au-delà de la délivrance, pour un temps et parfois pour toujours. Cependant de telles malades peuvent se rétablir et même supporter des grossesses nouvelles répétées sans dommages (observation personnelle) contrairement aux règles trop absolues et trop inflexibles formulées par Peter et adoptées par la plupart des auteurs.

Si l'on ne voit pas le début du rétrécissement infantile on n'en voit pas non plus toujours la fin. Dans certains cas la lésion est compatible avec une existence très prolongée. Duroziez a observé seize malades atteints de cette affection et âgés de 36 à 55 ans. Landouzy[1] a cité aussi une religieuse du service de Béhier qui, portant un rétrécissement non douteux de l'orifice mitral, vécut au-delà de la soixantaine.

Rétrécissement mitral rhumatismal.

Cette variété diffère nettement de la précédente. Ce n'est plus d'une manière insidieuse et progressive que se manifeste la lésion, car elle s'installe le plus souvent d'un jour à l'autre, sous l'oreille du médecin, chez un adolescent ou chez un adulte d'une santé jusque-là parfaite, presque toujours au cours d'une première attaque de rhumatisme articulaire aigu. Si la variété infantile coïncide avec le minimum de rhumatisme, celle-ci coïncide avec le maximum et les lois de Bouillaud conservent toute leur valeur. C'est en effet au milieu ou sur le déclin d'une fièvre rhumatismale qui a touché de nombreuses jointures et s'est accompagné d'une température élevée, de sueurs profuses, de douleurs vives, que malgré l'administration du salicylate de soude apparaît d'abord l'affaiblissement du premier bruit du cœur à la pointe — première manifestation de l'endocardite — et peu de temps après les premiers signes qui en se confirmant manifesteront la sténose.

Il ne s'agit plus alors d'un type spécial chlorotique, tuberculeux ou simplement malingre. L'individu qui porte la lésion conserve son aspect antérieur malgré les palpitations et la sensation nouvelle de son cœur, jusqu'au jour, moins éloigné que dans la sténose infantile, où des troubles fonctionnels restreindront son activité et lui imprimeront un cachet spécial. Celui-ci est véritablement un mitral. Son teint n'a plus la coloration blanche du type infantile, mais il prend en quelques mois ou en très peu d'années une teinte cyanosée bleuâtre, ses lèvres sont violacées comme ses extrémités qui sont froides. Les troubles circulatoires ne se manifestent pas seulement à la périphérie, car la sténose constitue un barrage, une sorte de ligature en aval de la petite circulation qui se trouve surprise pour ainsi dire par un obstacle subit auquel, à cause de l'âge du malade, elle ne peut qu'imparfaitement s'adapter.

Aussi, dans la suite, la stase veineuse devient-elle constante aux deux bases du poumon ; le moindre effort provoque un état d'anhélation permanent, les bronchites sont fréquentes, tenaces, et les crachats fréquemment teintés de sang extravasé ou même de sang pur échappé par rupture des vaisseaux pulmonaires trop distendus. Plus tard encore, quand le ventricule droit est dilaté ainsi que l'orifice tricuspidien, les viscères abdominaux se congestionnent. Le rein n'échappe pas à cette stase veineuse qui se fait sentir sur le tube digestif et même sur le cœur (cœur cardiaque). Les désordres fonctionnels multiples de ces organes aggravent assez rapidement la situation en s'ajoutant aux troubles mécaniques.

Sous l'influence de ces retentissements divers, l'insuffisance du myocarde s'accroît. Suivant sa vitalité, suivant le degré du rétrécissement, suivant l'adaptation des vaisseaux périphériques et la valeur respective des viscères, il compense plus ou moins longtemps l'obstacle central et périphérique par l'hypertrophie de l'oreillette gauche qui lutte jusqu'à ce qu'elle se laisse dilater et vaincre. Cette hypertrophie est souvent ici la principale sauvegarde du cœur, notamment quand il est surpris par un état pathologique persistant après la période de développement, l'organisme n'étant susceptible que d'une faible adaptation et devenant complice de la maladie.

C'est pourquoi la phase de latence manque à peu près complètement. La période de tolérance qui est déjà pathologique suit de bonne heure l'établissement de la lésion.

A échéance moins éloignée que dans la variété infantile les troubles fonctionnels apparaissent donc. Le cœur qui, pour subvenir aux exigences d'un organisme en désaccord avec sa capacité fonctionnelle, doit soutenir une lutte disproportionnée, succombera forcément plus vite, les œdèmes des jambes et les stases veineuses, en un mot l'hyposystolie, apparaîtront assez rapidement, précédant souvent à plusieurs reprises la véritable asystolie.

Il est rare dans ces conditions que la vie se prolonge pendant un long temps, à moins de ménager la tâche du cœur par une hygiène remarquable, par un repos physique et moral qui réduit les besoins de l'organisme à leur minimum.

Rétrécissement mitral des Artérioscléreux.

De même que l'insuffisance de l'orifice auriculo-ventriculaire gauche peut résulter de la localisation de l'athérome à la grande valve mitrale, de même l'athérome peut déterminer le rétrécissement du même orifice. Cette troisième variété de sténose mitrale pure est restée à peu près ignorée — quelques observations en avaient été publiées sans commentaires — jusqu'à la thèse inaugurale de Blind inspirée par M. Huchard. C'est à ce travail très complet que nous nous en rapporterons pour en présenter un tableau succinct.

Ce rétrécissement survient à une période avancée de

la vie, vers la cinquantaine en général, suivant en son apparition la marche générale de l'artériosclérose, ce qui explique qu'elle puisse se manifester plus tôt quand la sénilité artérielle est précoce.

Il ne s'agit plus ici de malades à teint pâle ou à teint bleuâtre, d'individus chétifs dès l'enfance ou de malades surpris brusquement dans l'adolescence ou dans l'âge adulte par une endocardite rhumatismale aboutissant vite à une sténose, mais bien plutôt d'individus dont le passé pathologique révèle une intégrité complète du myocarde et qui se classent le plus souvent par leur aspect général et par leurs antécédents parmi les arthritiques maigres. Leur visage est jaunâtre, terreux, plutôt que coloré, leur crâne est dénudé, les temporales flexueuses et saillantes. Les artères radiales sont dures, athéromateuses, et le pouls, si la sténose n'est pas serrée, manifeste au doigt et sur le tracé sphymographique une tension qui fait contraste avec la faiblesse constante de cette même tension dans les deux variétés déjà décrites.

En correspondance avec ces signes on peut noter une élévation des artères sous-clavières, indice de la dilatation de l'aorte, un retentissement du deuxième bruit à l'orifice aortique aussi bien qu'à l'orifice pulmonaire, et un choc vigoureux et large du cœur dont la pointe est abaissée.

Contrairement au rétrécissement infantile et rhumatismal, la pointe bat en effet au-dessous de la cinquième côte, témoignant ainsi de l'hypertrophie du ventricule gauche qui faisait défaut dans les autres variétés. La dilatation du cœur droit repoussait la pointe horizontalement vers l'aisselle, ici l'hypertrophie du ventricule gauche la fait descendre verticalement.

A part le retentissement du deuxième bruit à droite et à gauche du sternum, indice de la haute tension dans la grande et la petite circulation, et l'absence ordinaire de frémissement cataire, l'auscultation ne se distingue pas de celle de la sténose infantile et rhumatismale. L'arythmie cependant est plus marquée, elle est même habituelle et surtout elle est entièrement rebelle à l'action de la digitale, étant fonction de la dégénérescence scléreuse du myocarde.

L'arythmie et la dyspnée constituent les premiers symptômes de la maladie, symptômes souvent antérieurs à la lésion de l'orifice ou à sa constatation. Cette dyspnée est celle de la néphrosclérose qui coexiste le plus souvent avec les lésions du cœur (dites cœur rénal), elle est en désaccord formel pendant longtemps avec l'état anatomique des poumons (dyspnée sine materia). Elle survient sous l'influence de l'effort et bientôt pendant la nuit, en dehors de l'effort, privant le malade de sommeil, simulant l'asthme avec lequel on le confond souvent encore, témoignant d'une intoxication alimentaire qui ne cède qu'à l'emploi du régime lacté absolu (Huchard).

A la longue de tels malades empoisonnés par l'insuffisance de fonctionnement de leurs organes, des reins et du foie notamment qui sont au-dessous de leur fonction éliminatrice ou réductrice, soumis aux troubles mécaniques de la sténose qu'un myocarde dégénéré ne peut compenser longtemps malgré son hypertrophie (et peut-être même à cause de cette hypertrophie qui est surtout conjonctive) subissent la cachexie artérielle, ils maigrissent. Les stases veineuses, viscérales et périphériques marquent les premiers pas de l'insuffisance myocardique et dès lors ils sont soumis à des accidents multiples et complexes du fait de l'artériosclérose et de leur lésion orificielle.

Ils sont dès lors sous la menace d'une asystolie grave qui ne cèdera qu'imparfaitement ou tout au moins pour un temps court à la digitale, au repos physique de leurs membres, au repos fonctionnel de leurs organes. Ils sont condamnés à une mort rapide.

Rétrécissement mitral spasmodique.

Il est enfin une variété de sténose mitrale pure étudiée par Cuffer et décrite par son élève le docteur Chevereau dans une thèse récente. « On rencontre parfois des cas peu nombreux, il est vrai, mais peu étudiés et peu connus, de rétrécissements mitraux guéris sous des influences diverses. Tel malade chez qui un maître aura diagnostiqué un rétrécissement mitral ne présentera au bout d'un certain temps aucun signe de lésion cardiaque. Tel autre, après avoir absorbé divers médicaments, verra les signes de son rétrécissement disparaître. Que cette guérison soit attribuée au temps, au médicament ou à toute autre cause, cette guérison absolue, disons-nous, ne va pas avec les idées que nous avons sur le pronostic et l'anatomie pathologique du rétrécissement mitral ».

Wurtz écrit également : « De longues rémissions avec

disparition des bruits morbides du cœur ont été observées et ont fait penser que la guérison est possible, ce qui est peut-être exagéré. »

G. Sée, Eichorst auraient observé des cas semblables, et Picot en a rapporté deux au Congrès de Bordeaux (1895).

D'après Chevereau l'endocarde est sain et ne joue aucun rôle dans l'apparition des signes physiques de cette sténose passagère, mais la contracture des muscles papillaires, primitive, analogue à celle que l'on observe sur les membres, sur un muscle chez les hystériques, les fait apparaître et durer tant qu'elle persiste elle-même en immobilisant la grande valve tendue à la manière d'un voile au-devant de l'orifice auriculo-ventriculaire.

Ce rétrécissement « disparaît d'autant plus vite qu'on aura soigné le malade non pas en cardiaque vrai, mais plutôt en nerveux » (Chevereau).

Nous ne pouvons que citer ces faits que jamais nous n'avons observés et qui nous paraissent encore hypothétiques. D'une part, le rétrécissement mitral pur se caractérise par une variabilité singulière des symptômes, et d'autre part l'existence physiologique du dédoublement du deuxième bruit n'est pas contestable, ainsi que l'a établi M. Potain.

Or, les trois observations de Chevereau, les seules que nous connaissions, ne nous paraissent pas absolument convaincantes, elles sont basées sur un dédoublement du deuxième bruit qui ne persistant que quelques jours ne nous paraît pas devoir entraîner le diagnostic ferme de rétrécissement mitral, même quand il s'accompagne d'un souffle présystolique passager remplaçant un bruit de galop constaté précédemment.

Quelle que soit la valeur définitive de ces observations, nous n'avons pas à les discuter davantage, et c'est assez de les avoir rappelées. Le rétrécissement spasmodique, transitoire, ne peut être, en effet, assimilé aux différentes variétés déjà étudiées et immuables par leurs lésions. Son pronostic n'est autre que la guérison, nulle menace pour l'avenir n'y est adjointe, cette seule considération suffit à l'écarter définitivement désormais du cadre de ce travail.

Anatomie pathologique.

Rétrécissement mitral infantile.

Ce qui frappe à première vue, c'est la diminution de volume, l'atrophie du ventricule gauche qui paraît appendu au ventricule droit hypertrophié et très dilaté comme l'oreillette gauche. A l'incision des cavités on trouve souvent des caillots anciens, libres ou adhérents, dans l'oreillette gauche surtout et dans l'auricule. Ces caillots adhérents semblent provoqués par les lésions de l'endocarde consécutives aux foyers d'apoplexie sous-endocardique décrits par Weber et Deguy dans l'oreillette gauche et même dans les valvules mitrales, constatés également par Vaquez dans l'épaisseur du myocarde de l'oreillette gauche chez des multipares ayant succombé après la délivrance.

Mais l'état de l'orifice auriculo-ventriculaire nous intéresse davantage : il est plus ou moins rétréci suivant l'ancienneté de la lésion et présente un aspect spécial, celui d'un entonnoir ou d'un cratère éteint (Duroziez) à base supérieure, à sommet inférieur vers lequel est reporté le véritable orifice. Le rétrécissement est réalisé par l'union du bord libre des deux valves au voisinage de leur insertion à la zone fibreuse, union qui résulte d'une adhérence cicatricielle évoluant, comme tous les tissus de cicatrice, vers la rétraction progressive, de manière à réaliser un infundibulum. Les cordages tendineux ne restent pas étrangers à cette évolution, car ils participent à l'inflammation et sont atteints de tendinite chronique qui leur enlève toute élasticité. Eux aussi se rétractent lentement en tirant sur les lames valvulaires et contribuent par leur raccourcissement à la formation de l'entonnoir.

Mais mieux que cette configuration, ce qui caractérise une semblable sténose, c'est l'absence de végétations, d'irrégularités sur les replis qui restent lisses, polis, unis. N'étant pas indurés, ils conservent toute leur souplesse et peuvent s'accoler sur une surface assez étendue pour prévenir toute insuffisance de l'orifice. Cette persistance de la souplesse résulte de la localisation *marginale* de la lésion, localisation qui épargne ou laisse presque entièrement à l'abri du processus scléreux les facettes de Firket par lesquelles les deux valves entrent en contact et s'accolent pendant la systole ventriculaire. Les bords libres, seuls lésés, se fusionnent peu à peu à la manière des paupières qui sont le siège d'une inflammation chronique (Bouillaud).

Cette altération marginale lisse et polie, lente et progressive, diffère essentiellement de celle que nous rencontrerons dans la sténose rhumatismale. Elle paraît être le résultat d'une inflammation faible, lente et chronique d'emblée, et l'on peut dire que l'absence de maladies aiguës à détermination endocardique ne fait pas seulement partie du tableau clinique du rétrécissement infantile, mais aussi du tableau anatomo-pathologique.

Il peut arriver cependant qu'on rencontre des végétations, des infiltrations valvulaires témoins d'une poussée d'endocardite aiguë, mais alors on peut affirmer que ces lésions sont secondaires, distinctes par leur origine et surajoutées aux lésions primitives comme sur un lieu de moindre résistance. Notons bien que ces cas sont exceptionnels, car il est vrai, comme l'avait remarqué Duroziez, que le rétrécissement infantile est généralement peu touché par le rhumatisme articulaire aigu, cause habituelle de ces endocardites végétantes, qu'il jouit d'une sorte d'immunité et qu'il peut essuyer sans subir aucun changement « le feu de trois, quatre et cinq crises rhumatismales ».

Dans les cas graves où cette complication survient, elle n'a pas seulement pour effet d'aggraver anatomiquement les lésions, mais surtout de pouvoir déterminer dans certains cas une insuffisance plus ou moins manifeste qui augmente notablement les troubles fonctionnels du cœur.

Il faudrait passer en revue tous les organes pour faire une anatomie pathologique complète, et cela nous entraînerait au-delà des limites que nous nous sommes fixées. Qu'il nous suffise de dire qu'on observe dans les rétrécissements suffisamment prononcés une étroitesse de calibre des vaisseaux et une sorte d'infantilisme viscéral en harmonie avec la faiblesse de la taille et des systèmes musculaires et osseux.

La clinique nous a appris que les symptômes physiques du rétrécissement infantile apparaissaient le plus souvent vers la puberté, rarement plus tôt et quelquefois plus tard. L'examen des lésions de l'orifice nous fournit-il un moyen d'apprécier plus exactement le début de l'affection? Non. Certaines observations tendraient à prouver que la lésion s'établit durant la vie embryonnaire, mais elles ne sont pas assez nombreuses pour nous faire accepter cette hypothèse qui est en contradiction avec la prédominance bien établie des lésions du cœur droit pendant la vie intra-utérine. Tout ce que nous savons au point de vue du début de cette sténose, c'est qu'elle est infantile et que sa latence pendant l'enfance est due sans doute au degré faible alors du rétrécissement ou à l'adaptation facile de l'organisme.

Rétrécissement mitral rhumatismal.

Dans cette variété même aspect extérieur, même atrophie ventriculaire gauche, même hypertrophie et même dilatation de l'oreillette gauche et du ventricule droit, mais changement complet de configuration intérieure. Il ne s'agit plus d'un infundibulum, mais d'un orifice en forme de croissant, de sifflet, de boutonnière. Les lésions rappellent celles que l'on rencontre dans les endocardites aiguës à poussées unique ou répétées, conformément d'ailleurs à l'histoire clinique.

L'anneau fibreux participe souvent aux lésions et d'ordinaire se montre notablement épaissi. Les valvules hypertrophiées, indurées en certains points, érodées en d'autres points, hérissées de végétations verruqueuses ou chargées de dépôts crétacés, s'accolent par leurs bords, et leur ligne de réunion épaissie, dure, fibreuse, saillante, fait contraste avec le simple accolement linéaire, dépourvu de relief, du rétrécissement infantile.

De cette adhérence des valves, de l'épaississement et de l'induration qu'elles subissent sur toute leur surface d'accolement, des saillies formées par les végétations ou les dépôts crétacés, résulte un rétrécissement de l'orifice bien différent d'aspect de celui que nous avons décrit précédemment.

Il peut arriver que les valves restent séparées sans que pour cela le rétrécissement fasse défaut. La sténose résulte alors de l'épaississement, de la raideur de ces replis désormais incapables de se mouvoir et de flotter librement pour offrir un passage normal au courant sanguin de l'oreillette, d'autant plus que les cordages tendineux épaissis, rétractés, fixent les deux voiles comme un écran épais au-devant de l'orifice.

Cette même induration de toute la surface des replis

empêche souvent aussi leur accolement parfait pendant la systole ventriculaire et détermine souvent une insuffisance anatomique que la clinique ne vérifie pas toujours.

C'est que d'autres facteurs entrent en jeu pour atténuer ou éloigner à longue échéance cette insuffisance anatomique des replis valvulaires. D'abord il n'est pas impossible que les valves s'accolent en partie, imparfaitement. A moins d'être d'une grande dureté elles peuvent jouir encore de mouvements peu étendus, il est vrai, mais qui suffisent pourtant à éviter l'insuffisance. Et d'autre part, l'oreillette pourrait s'opposer victorieusement à cette insuffisance peu accusée.

Dans la sténose mitrale la contraction de l'oreillette hypertrophiée durerait plus longtemps que les expériences de Chauveau et Marey sur le cheval ne l'ont fait supposer (Samways. Le rôle de l'oreillette gauche dans le rétrécissement mitral. Thèse de Paris 1896). M. le Prof. Potain dit du cœur normal que l'instant où le sang cesse d'affluer dans le ventricule est celui-là même où il commence à progresser dans l'aorte. La systole auriculaire se continue donc jusqu'à l'ouverture des valvules aortiques et empiète sur la partie de la systole ventriculaire, si courte soit-elle, qui précède l'ouverture de l'aorte. Si la contraction de l'oreillette hypertrophiée dure plus longtemps que celle d'un cœur normal, l'orifice aortique joue dans le rétrécissement pur avec insuffisance anatomique le rôle d'une soupape de sûreté qui prévient toute régurgitation dans l'oreillette, au moins tant que celle-ci possède toute sa force contractile.

Dans ces cas cependant, à la longue, sous l'influence de

la progression des lésions, d'une modification de l'organisme qui exagère le fonctionnement du cœur, l'oreillette gauche hypertrophiée se dilate ainsi que le cœur droit et remplit moins facilement son double rôle protecteur qui est de lutter contre le rétrécissement et d'empêcher la régurgitation, l'insuffisance alors s'établit.

Si le rétrécissement reste pur, le ventricule gauche reste petit, l'hypertrophie et la dilatation plus tard de l'oreillette gauche et du ventricule droit qui constitue la pointe du cœur, refoulent horizontalement la pointe vers l'aisselle.

Si l'insuffisance s'établit, on note en outre une hypertrophie plus ou moins marquée du ventricule gauche qui se manifeste par l'abaissement de la pointe.

Dans le rétrécissement rhumatismal nous retrouvons encore dans l'atrophie du ventricule gauche une adaptation du cœur. Mais l'étroitesse du calibre des artères n'est plus comparable à celle de la variété infantile. Si l'organisme a été surpris par l'établissement de la sténose en plein état d'achèvement, l'adaption générale est forcément très limitée. C'est au cœur diminué dans sa puissance fonctionnelle de s'adapter aux besoins du corps et de lutter de suite pour accomplir sa fonction.

Rétrécissement des Artérioscléreux.

Le volume du cœur attire d'abord nos regards. Il pèse en effet 500, 600 grammes, et contrairement à ce que nous avons vu précédemment, l'hypertrophie prédomine au ventricule gauche qui à la section mesure 2 centimètres d'épaisseur et présente des traînées ou des îlots nacrés de sclérose dystrophique, notamment vers la pointe. Aussi forme-t-il à lui seul la pointe du cœur. L'hypertrophie et la dilatation plus manifeste de l'oreillette gauche et du ventricule droit sont la conséquence de la sténose mitrale. La dilatation est encore plus marquée à l'oreillette droite « énorme parfois, qui comprime le poumon droit et peut s'étendre jusqu'à la ligne mammaire » (Blind).

L'encombrement de l'oreillette droite et la difficulté pour la veine coronaire d'y déverser son contenu sont la cause de la congestion du myocarde.

La lésion orificielle affecte quelque ressemblance avec celle du rétrécissement infantile. Elle admet un doigt en moyenne et se trouve constituée par la coalescence des deux valves dont la ligne de soudure est lisse, unie, dépourvue de relief, caractéristique d'une inflammation fort peu active et à marche lente.

Comme dans les autres variétés on peut trouver des caillots dans les oreillettes et les auricules qui expliquent les embolies et les infarctus viscéraux.

Mais si nous poursuivons notre examen, les différences apparaissent et se multiplient : sclérose péribronchique de Boy-Teissier, foie dur atteint de cirrhose veineuse sus-hépatique par stase veineuse et de cirrhose artérielle interlobulaire et périartérielle du fait de l'artériosclérose au lieu du foie muscade et longtemps mou des cardiaques valvulaires ; néphrite interstitielle, granuleuse, artérielle avec stase veineuse relevant de la lésion valvulaire avant d'être produite par l'insuffisance du myocarde. Aorte athéromateuse, dilatée, athérome des artères de moyen calibre et des artères de l'encéphale, etc.

En somme, ordre double de lésions par :

1° Artériosclérose généralisée ;

2° Stase veineuse mécanique d'origine valvulaire.

CHAPITRE II

Compensation et adaptation.

L'hypertrophie de l'oreillette gauche dans le rétrécissement mitral est connue depuis longtemps. Nous trouvons dans la thèse du Dr Gérard « Sur l'oreillette gauche dans le rétrécissement mitral » (Paris 1894) plusieurs citations qui le prouvent. Corvisart disait déjà : « Le rétrécissement engendrerait surtout la dilatation, rarement l'hypertrophie des oreillettes..., la dilatation passive de l'oreillette gauche est beaucoup moins fréquente que celle des cavités droites...., cette oreillette est de toutes les cavités du cœur celle qui est la moins sujette aux dilatations passives ». Laënnec était plus formel : « Je n'ai jamais rencontré de dilatation évidente des oreillettes sans que l'épaisseur de leurs parois ne parût en même temps un peu augmentée, et d'un autre côté je n'ai point vu l'hypertrophie des oreillettes sans une augmentation quelconque de leur capacité.... La cause la plus commune de la dilatation de l'oreillette gauche est le rétrécissement de l'orifice auriculo-ventriculaire par suite de l'induration cartilagineuse et osseuse de la valvule mitrale ou de végétations développées à sa surface. »

D'après MM. Potain et Rendu, « l'oreillette gauche subit immédiatement le contre-coup de la lésion mitrale ; elle se dilate et s'hypertrophie simultanément. Cette altération ne manque jamais pour peu que l'orifice soit rétréci. »

Samways (Th. Paris 1896) a recherché spécialement la fréquence et l'origine de l'association de l'hypertrophie ou de la dilatation avec la sténose mitrale. Nous croyons intéressant de rappeler les résultats de ses recherches faites dans les registres d'autopsie de Guy's Hospital pendant les années 1888-91.

Sur soixante-dix autopsies l'hypertrophie de l'oreillette gauche était notée dans un peu plus de la moitié des cas. Il divise sa statistique en deux séries :

La première comprenant trente-six cas — rétrécissement serré mesurant au maximum 55 millimètres.

La deuxième comprend vingt-neuf cas — rétrécissement peu serré mesurant au minimum 55 millimètres.

Dans les trente-six cas de la première série l'oreillette était fortement hypertrophiée quinze fois ; onze fois dilatée aussi bien qu'hypertrophiée ; trois fois (l'orifice mesurant 50 millimètres) la dilatation existait sans hypertrophie.

Dans les sept cas restants la relation nécropsique ne contenait aucune indication.

Dans les vingt-neuf cas de la deuxième série, dix-sept fois l'état de l'oreillette n'était pas signalé, trois fois l'hypertrophie existait, 4 fois elle s'associait à la dilatation. La dilatation seule était constatée cinq fois.

Il apparaît donc, et le raisonnement le démontrait à

priori, que plus le rétrécissement est grave, plus l'hypertrophie est constante et il nous semble probable que dans les premiers mois ou dans les premières années de l'affection l'hypertrophie existe seule, indépendante de toute dilatation qui ne serait habituellement qu'un phénomène secondaire marquant le début de la période de rupture de la compensation.

Cette hypertrophie peut être très considérable, on a souvent observé dans l'oreillette un épaississement de 4 millimètres qui peut même atteindre 6 millim. et plus.

Alors l'oreillette ressemble à un ventricule plus puissant que le ventricule droit dont l'épaisseur normale serait de 3 millimètres. C'est à elle qu'incombe le soin de pousser le sang à travers l'orifice rétréci et de vaincre la résistance qui s'oppose à sa déplétion normale, bien plus qu'au ventricule droit. Le rôle de ce dernier est nul au début, il ne commence que plus tard, quand l'oreillette est surmenée, pour soutenir son énergie défaillante et lutter contre l'élévation considérable de la tension pulmonaire qui en résulte. Il peut aussi commencer de bonne heure si des troubles gastriques augmentent fréquemment par transmission réflexe la tension pulmonaire. Mais dans ce cas l'hypertrophie ventriculaire devient directement nuisible, elle accroît à son tour cette tension de la petite circulation qui, prise entre deux feux, devrait aboutir à des ruptures vasculaires si le ventricule droit ne se laissait fréquemment dilater.

Dans la statistique de Samways il s'agit du rétrécissement mitral rhumatismal ; deux fois seulement l'orifice était infundibuliforme, c'est-à-dire infantile.

L'époque d'apparition de cette hypertrophie auriculaire qui précède la dilatation ne saurait être fixée par l'examen anatomique puisque les autopsies ne concernaient que des lésions anciennement établies. Cependant nous pouvons la déterminer approximativement grâce à ce que nous savons sur les conditions anatomiques des valvules mitrales atteintes par une ou plusieurs attaques de rhumatisme articulaire aigu. L'hypertrophie, les végétations, l'adhérence des deux replis, opposent à l'action de l'oreillette un obstacle souvent puissant qu'augmentent quelquefois la difficulté de l'accolement des valves indurées et bientôt rétractées et l'insuffisance qui peut en résulter. Les conditions de la circulation intra-cardiaque sont donc profondément troublées et de toute nécessité, à échéance brève, l'oreillette doit déployer une puissance anormale pour triompher de la sténose et parfois de la régurgitation ventriculaire qui pourrait autrement se produire malgré l'ouverture des valvules sigmoïdes.

Soumise à cette nécessité d'être victorieuse ou vaincue, elle lutte, et, parce qu'elle lutte, s'hypertrophie suivant la loi de toute activité musculaire.

Elle acquiert ainsi la puissance qui lui est désormais nécessaire et, en fait, pendant longtemps, si le myocarde est vaillant et bien irrigué, elle rétablit dans des limites souvent étendues une harmonie circulatoire presque normale, en apparence.

Cette compensation hypertrophique, qui est toujours invoquée pour expliquer la tolérance d'une lésion orificielle quelconque, est donc un acte *de lutte,* un acte *pathologique,* en rapport avec une lésion grave ou un défaut d'équilibre entre les exigences de l'organisme et la capacité fonctionnelle du cœur.

C'est aussi, si l'on veut, un acte d'adaptation du cœur à une lésion, mais c'est une adaptation *active,* pathologique et restreinte, bien différente de celle que nous allons étudier. La seule possible, souvent au moins, puisque le rétrécissement rhumatismal dans lequel elle survient de bonne heure, apparaît fréquemment à un âge qui n'est compatible qu'avec une adaptation limitée de l'organisme.

Aussi cette hypertrophie n'a-t-elle pendant longtemps aucun motif de se produire dans la sténose infantile. Ici l'évolution précoce et lente de la lésion orificielle détermine une adaptation profonde de l'organisme qui éloigne à longue échéance toute lutte. A défaut de preuves nécropsiques, le raisonnement et l'observation clinique nous amènent à penser que l'hypertrophie n'apparaît que tardivement, à la puberté ou beaucoup plus tard dans les rétrécissements qui demeurent latents jusqu'à 25 et 30 ans.

Dès son apparition d'ailleurs, elle ne diffère pas de celle que nous venons d'étudier.

Si le rétrécissement mitral pur atrophie ou rétracte le ventricule gauche, l'artériosclérose l'hypertrophie.

C'est dans la variété artérioscléreuse que la sténose s'accompagne de l'hypertrophie la plus marquée. Celle-ci préexiste sur le ventricule gauche à l'apparition de la sténose, car elle est le résultat précoce de l'hypertension artérielle et de la résistance périphérique qui signalent le début de la sclérose artérielle.

Si l'hypertrophie de l'oreillette gauche peut, dans les

deux variétés précédentes, maintenir pendant longtemps l'équilibre circulatoire, l'hypertrophie auriculaire qui suit l'établissement du rétrécissement scléreux, ne saurait qu'établir une compensation provisoire. Le myocarde mal irrigué résiste peu, car son hypertrophie est surtout conjonctive. Comme les autres organes, il 'est en état de miopragie permanente, du fait de la lésion artérielle généralisée, et enfin la sténose, par l'hypertension vasculaire du poumon qu'elle détermine, ajoute ses effets à ceux de l'hypertension artérielle.

La compensation des maladies du cœur telle que nous venons de l'exposer, telle qu'on la conçoit encore dans la plupart des livres, est insuffisante à nous rendre compte de l'évolution des phénomènes latents ou morbides du rétrécissement mitral en particulier. Ce n'est pas seulement l'état du cœur qui doit être recherché, mais aussi et non moins comment la circulation périphérique et les organes se sont adaptés à la lésion centrale. Car les vaisseaux, ces auxiliaires du cœur, jouent, de même que les viscères, un rôle de première importance dans l'équilibre circulatoire et dans la production des accidents qui découlent de sa rupture. Il n'y a pas seulement à considérer l'obstacle dans les voies cardiaques, la contraction insuffisante à vaincre cet obstacle, la valeur du myocarde, son innervation, son hypertrophie, mais aussi l'état des artères périphériques, l'intégrité de leurs parois, l'obstacle qui naît de la perte de leur élasticité et les rend complices de la maladie, la valeur fonctionnelle et la résistance individuelle des viscères, du foie et de l'estomac notamment, qui ont en outre une action réflexe très importante sur le cœur, au cours de la sténose mitrale.

En un mot, les accidents qui jalonnent le cours de cette affection, quelle qu'en soit la variété, ne sont pas purement cardiaques, et ne peuvent être conjurés par le seul mécanisme de l'augmentation de puissance du myocarde (Potain), c'est-à-dire par son hypertrophie. Ils sontcardio-vasculaires et viscéraux, ce qui veut dire que c'est du côté des vaisseaux, des viscères, de l'organisme tout entier, qu'il faut chercher également les raisons de la latence et de la tolérance qui précèdent la période des troubles fonctionnels du rétrécissement mitral.

D'ailleurs l'hypertrophie cardiaque ne signifie pas toujours accroissement fonctionnel. Entre l'hypertrophie *musculaire*, la myohypertrophie et l'hypertrophie *conjonctive*, la sclérohypertrophie, une différence capitale s'impose. La première maintient l'harmonie circulatoire et retarde l'asystolie, la deuxième non seulement ne peut maintenir longtemps cette harmonie, mais elle prépare l'asystolie.

Le phénomène de l'adaptation ne se retrouve pas à un égal degré dans les différentes variétés de la sténose mitrale. Nul, ou à peu près, dans le rétrécissement scléreux, qui ne constitue en somme qu'une modalité anatomique aggravante d'une maladie générale de l'appareil circulatoire, il est plus ou moins marqué dans la sténose rhumatismale. On conçoit facilement qu'il ne doit pas être bien considérable, si la lésion orificielle survient après l'accroissement définitif de l'organisme, entre vingt et trente ans. Celui-ci s'est constitué tout entier dans les conditions d'un travail normal du cœur, travail qui devient maintenant trop grand pour cet organe entravé dans son fonctionnement et dans le débit exigé par un corps de proportion démesurée. A moins de soumettre un tel malade à un repos approprié, à une restriction fonctionnelle équivalant à une adaptation véritable, il faut de toute nécessité que le cœur se modifie pour un gros travail : l'hypertrophie devient donc une nécessité inéluctable.

Si au contraire la lésion s'établit plus tôt pendant la période d'accroissement, entre 15 et 20 ans, non seulement le ventricule s'adaptera en s'atrophiant au volume de l'ondée sanguine que laisse passer l'orifice rétréci, mais les artères, les viscères, le corps tout entier participeront dans une mesure variable et non négligeable à la diminution circulatoire qui résulte de la lésion. L'organisme s'achèvera dans les conditions restreintes de la circulation, il se mettra en harmonie avec la diminution fonctionnelle du cœur. Par les exigences moindres de son entretien et de son activité physiologique il lui épargnera une partie de cette somme de travail qu'il ne peut fournir sans effort. Nul doute alors que si des causes nouvelles ne détruisent pas cet équilibre — grossesse, maladies à déterminations pulmonaires, endocardiques etc. — l'hypertrophie de lutte ne soit, pour une sténose moyenne, plus tardive ou moins prononcée pendant longtemps.

C'est surtout dans la sténose infantile que l'adaptation de tous les organes se manifeste, l'organisme devient alors l'auxiliaire de la lésion. Le cœur étant réglé de bonne heure pour un faible travail « le corps entier finit par s'adapter à un petit cœur parce que la *fonction fait l'organe*. A la faveur du rétrécissement auriculo-ventriculaire il passe peu de sang dans le ventricule qui reste petit, par conséquent peu de sang dans l'arbre aortique dont le calibre diminue et s'adapte à la petite quantité de liquide qui le traverse. C'est un véritable infantilisme mitral et le retentissement de la lésion sur le poumon et les cavités droites est ainsi pendant longtemps ajourné, ce qui explique la période de latence plus ou moins longue observée parfois dans certaines sténoses mitrales » (Huchard).

Ajoutons que ce n'est pas seulement le système artériel qui s'adapte ; les viscères moins irrigués se développent moins aussi et le corps tout entier subit un développement d'autant moindre que les éléments de son accroissement sont moins abondants.

En somme, si le cœur est conditionné pour un faible travail, le corps est constitué pour un petit cœur, les rapports restent normaux ou presque entre le centre et la périphérie.

C'est cette harmonie qui nous explique la latence véritable de la sténose infantile, latence qui demeure longtemps ignorée. C'est elle aussi qui assure la prolongation de l'existence, surtout marquée dans cette dernière variété de rétrécissement. Il est bien entendu qu'il faut une lésion précoce pour qu'un tel parallélisme puisse se réaliser, pour que l'adaptation soit facile et complète.

Pourtant la lutte survient à la longue; soit que l'évolution trop rapide de la puberté, soit que la sténose trop serrée, soit encore que des fatigues physiques, des inquiétudes morales, la grossesse ou une maladie intercurrente rompent l'accord établi. Le cœur alors accroît sa puissance en s'hypertrophiant :

La période de compensation commence pour l'oreillette gauche.

Il importe donc de séparer nettement le phénomène de l'adaptation de celui de la compensation.

Celle-ci se produit dans le rétrécissement mitral à l'oreillette gauche, puis au ventricule droit qui s'hypertrophie pour résister à l'accroissement de la tension pulmonaire, et même à l'orifice tricuspidien qui se dilate pour compenser et prévenir les ruptures vasculaires du poumon. Celle-là se manifeste par la rétraction et l'atrophie du ventricule gauche.

« En un mot, l'adaptation de l'organisme à une lésion tend d'une façon presque passive et par le mécanisme de la diminution fonctionnelle des autres organes à annihiler les effets de cette lésion ; la compensation se fait par l'exaltation fonctionnelle de l'organe atteint, elle indique un effort actif puisqu'elle veut combattre la lésion et qu'elle lutte contre elle. Il en résulte que les cardiopathies bien compensées ne sont jamais latentes au sens vrai du mot. » (Huchard).

Ces deux phénomènes bien distincts, l'un actif, pathologique et restreint à un organe, l'autre passif, biologique et généralisé à tout l'organisme ; le premier apparaissant chez l'adulte, comme un acte de lutte presque en même temps que la lésion, le second ne prenant vraiment sa considérable importance que chez l'enfant et l'adolescent, éloignant souvent longtemps la période de lutte, se réunissent cependant tous les deux à un moment donné dans le rétrécissement mitral infantile et le rétrécissement rhumatismal des jeunes adolescents pour prolonger la tolérance de l'affection.

Ils se réunissent aussi dans les affections valvulaires combinées, de sorte que M. Huchard a pu observer un malade atteint de rétrécissements d'orifice multiples — mitral, tricuspidien, aortique — qui pendant 5 ans ne présenta ni troubles de la circulation ni congestion viscérale.

Résistance des organes. — Le rôle du foie et de l'estomac.

Si l'adaptation des organes est importante et contribue à prolonger la période de latence et la phase initiale de la période de compensation, il y a lieu, dès que la lutte est commencée, de tenir un compte aussi grand de la valeur et de la résistance individuelle de chacun d'eux. Les viscères peuvent en effet, comme de bons auxiliaires, soutenir le myocarde, leur intégrité fonctionnelle et l'absence de toute tare antérieure leur permettant de résister pendant longtemps aux poussées congestives qui les menacent. Inversement ils peuvent se faire complices de la maladie.

Un foie normal résistera mieux que le foie d'un alcoolique, le foie d'un diabétique, le poumon d'un bronchitique hâteront l'apparition d'une asystolie viscérale.

La néphrosclérose, l'artérite coronarienne etc... additionneront leurs effets pernicieux à ceux du rétrécissement scléreux en surajoutant une dyspnée toxique à la dyspnée mécanique de la sténose, en diminuant la valeur fonctionnelle d'un myocarde qui a besoin plus que jamais de sa puissance, en provoquant enfin la dilatation du cœur.

L'intégrité des viscères nous paraît aussi utile que la compensation hypertrophique du myocarde ; quand il s'agit d'une sténose mitrale, elle est si importante pour deux organes : le foie et l'estomac, que nous croyons utile d'y insister plus particulièrement.

Stokes connaissait déjà la sympathie organique qui lie le cœur au foie et à l'estomac : « Enfin nous trouvons les palpitations nerveuses liées à un trouble de fonctions gastriques ou hépatiques. Elles paraissent dépendre de quelque sympathie organique et locale.

Que ce soit à l'estomac ou au foie que l'on doive les attribuer, ces palpitations peuvent persister pendant longtemps, si c'est le foie qui est atteint, elles offrent parfois des périodes de rémission remarquable. » Et ailleurs : « Il est possible que sous l'influence d'un trouble fonctionnel il se produise une dilatation temporaire de l'une ou de plusieurs cavités cardiaques et cette circonstance peut modifier les signes fournis par la percussion. Nous avons rapporté deux cas dans lesquels une irrégularité très grande de l'action du cœur et des palpitations violentes semblaient être placées sous la dépendance d'une disposition particulière de l'estomac ; les accidents disparaissaient par le vomissement. »

Ce grand observateur avait vu juste. La dilatation du cœur droit et l'insuffisance tricuspidienne peuvent survenir au cours des maladies du foie, coliques hépatiques, ictère par obstruction calculeuse, et ce lieu *sympathique* existe surtout dans le rétrécissement mitral. M. Potain cite dans une clinique qu'il a consacrée à l'étude des accidents cardiaques gastrohépatiques l'histoire d'une jeune chlorotique souffrant d'une intolérance gastrique absolue vis-à-vis de tout autre aliment que le lait. Lorsqu'elle prenait des aliments solides il survenait après le repas une oppression extrême avec cyanose des lèvres, des mains, qui se refroidissaient comme dans une attaque d'asystolie aiguë. Le cœur augmentait considérablement de volume, les cavités droites se distendaient à l'excès et l'on entendait à son niveau un bruit de galop très manifeste et une accentuation très marquée du deuxième bruit pulmonaire. Les accidents se calmaient et disparaissaient au bout d'une heure pour reparaître toujours dans les mêmes conditions.

Les troubles respiratoires qui peuvent prendre un aspect alarmant ne sont pas dus à un obstacle circulatoire. Dans un temps donné la quantité d'air qui pénètre dans la poitrine n'est pas sensiblement inférieure à la normale (Barié).

L'accentuation du deuxième bruit pulmonaire n'est pas

toujours en rapport avec la dilatation du cœur droit, elle peut signifier simplement que la tension pulmonaire atteint un haut degré. Un degré de plus, le ventricule droit se dilate et le souffle d'insuffisance tricuspidienne apparaît.

Ces troubles de retentissement ne sont pas d'origine mécanique, mais réflexe. Leur point de départ est dans l'excitation de la muqueuse de l'estomac, de l'intestin, des voies biliaires, transmise au cœur par la voie du nerf pneumogastrique, qui subit une sorte d'inhibition, ou bien par la voie sympathique aux fibres vasomotrices du plexus pulmonaire (Vulpian, Brown-Séquard, Franck ont démontré que les nerfs vaso-moteurs du poumon proviennent du ganglion thoracique supérieur).

L'existence des troubles gastriques est fréquemment notée dans le rétrécissement mitral sans qu'on en puisse toujours déterminer la pathogénie. L'affaiblissement du cœur est la cause de la stase veineuse viscérale et périphérique et cette stase est une cause habituelle des troubles digestifs du rétrécissement. Des troubles gastriques s'observent souvent aussi pour une raison différente et que nous ne connaissons pas, dans la période de latence de la sténose infantile à type chlorotique.

Que de toutes les cardiopathies la sténose mitrale soit la plus sensible aux désordres digestifs, nous nous l'expliquons bien maintenant.

Dans aucune maladie du cœur les capillaires du poumon ne sont soumis de bonne heure à une tension pareille et les troubles réflexes pulmonaires ne font qu'exagérer cette tension qui ne saurait s'accroître sans danger pour les vaisseaux et le cœur droit (ruptures vasculaires, dilatation du cœur droit). D'autre part, le cœur lui-même possède une innervation commune avec l'estomac, de sorte que l'importance des synergies morbides du pneumogastrique explique clairement les relations de l'estomac et du cœur (Huchard).

Du côté de cet organe les troubles les plus fréquents consistent en : palpitations, arythmie, anxiété précordiale, tachycardie ; du côté du poumon en : dyspnée, pouvant aller jusqu'à l'orthopnée accompagnée d'une sorte d'asystolie aiguë du cœur droit. Ces accidents s'enchevêtrent d'ailleurs le plus souvent (forme cardio-pulmonaire.)

On a cru devoir accuser telle forme de dyspepsie plutôt que telle autre et particulièrement l'hypochlorhydrie comme cause productrice de ces accidents.

Des recherches spéciales ont été faites à ce sujet dans le service de M. Huchard. D'après les observations qui y ont été recueillies et d'après l'enseignement de ce maître il y aurait pour un même cas de retentissement cardio-pulmonaire, et à quelques jours de distance, des variations considérables dans le chimisme gastrique, variabilité qui ne serait pas sans rapport avec la variabilité d'auscultation du rétrécissement mitral.

Dans l'une de ces observations (Naupliotou. *Sur quelques causes d'arythmie dans le rétrécissement mitral.* Th. Paris, 1896), le régime lacté produisit chez une hyperchlorhydrique atteinte de rétrécissement mitral, un véritable affolement du cœur, une expectoration teintée de sang, une cyanose des lèvres et un refroidissement des extrémités. Tous ces accidents cessèrent ainsi que l'arythmie en même temps que les troubles gastriques. Cette femme, âgée de 51 ans et atteinte à 18 ans d'un rétrécissement mitral rhumatismal avait eu cinq enfants qui vivent encore. Pendant ces cinq grossesses elle n'eut jamais d'accidents comparables à ceux que provoqua l'intolérance gastrique.

Dans une autre observation sont notés des troubles cardiopulmonaires presque semblables, se manifestant au moindre excès de table. Deux analyses révélèrent de graves perturbations dans le chimisme gastrique, elles montrèrent de plus que l'hypochlorhydrie peut aussi bien que l'hyperchlorhydrie donner naissance aux réflexes cardiaques.

Multiplier ces exemples nous serait facile, ce serait inutile. Toutes les formes de dyspepsie jouissent du même privilège et confirment la formule de Lasègue : les troubles fonctionnels des organes exaltent les réflexes quand ils sont dus à une lésion superficielle ; consécutifs à une lésion grave, ils les suppriment. Elles démontrent encore la justesse de cet aphorisme de M. Huchard : Dans le rétrécissement mitral la maladie est au cœur, le danger est au poumon et il vient de l'estomac.

CHAPITRE III

Des principaux moyens qui permettent de prolonger l'existence dans le rétrécissement mitral pur.

Si diverses que puissent être les indications thérapeutiques aux différentes phases du rétrécissement mitral, elles n'en sont pas moins soumises à des règles communes sur lesquelles nous désirons insister un peu.

Pour être logiques, les moyens thérapeutiques doivent être appropriés à la nature de chaque rétrécissement et aux différentes périodes de l'évolution de l'affection :

1° *A la période d'adaptation ou de latence.* — Rétrécissement infantile et rétrécissement rhumatismal survenu dans l'adolescence.

2° *A la période de compensation ou de tolérance.* — Rétrécissement infantile ancien, rétrécissement rhumatismal, rétrécissement des artérioscléreux.

3° *A la période des troubles fonctionnels d'hyposystolie et d'asystolie par rupture de la compensation et de l'adaptation.* — Toutes les formes de rétrécissement mitral.

Période d'adaptation ou de latence. — Nous avons vu que cette phase est surtout marquée, et pour ainsi dire spéciale au rétrécissement infantile dont le début dans le jeune âge, laisse à l'organisme la faculté de s'harmoniser dans son développement avec les conditions nouvelles et définitives de la circulation.

Mais, soit par suite de cette adaptation, soit parce que la sténose est encore peu serrée, l'existence de la lésion cardiaque est ordinairement méconnue, puisque ce n'est que vers l'âge de quinze ans qu'apparaissent les signes physiques et assez souvent les signes fonctionnels du rétrécissement, sous l'influence des nouvelles conditions circulatoires exigées par l'accroissement de l'organisme. A plus forte raison, ne peut-on songer à soigner une sténose mitrale dont la latence se prolonge jusqu'à vingt-cinq, trente ans et même au-delà.

C'est donc, au plus tôt, à l'époque de la puberté que les indications thérapeutiques se posent. Il ne s'agit le plus souvent que de maintenir le plus longtemps possible cette période de latence, et pour atteindre ce résultat, c'est à l'hygiène seule qu'il faut s'adresser.

Celle-ci doit avoir pour but d'écarter toutes les perturbations qui sont capables de compromettre l'adaptation du corps entier au cœur conditionné pour un faible travail ; de retarder, par suite, cette hypertrophie dénommée providentielle bien à tort, puisque le cœur ne s'hypertrophie pas pour lutter, mais en vérité parce qu'il lutte.

Il faut en somme maintenir l'infantilisme en prévenant toute activité cardiaque qui dépasse une mesure que l'on doit fixer pour chaque individu et toute excitation circulatoire qu'entraînent une fonction exagérée des viscères et des muscles, la grossesse, les maladies.

Nous ne passerons pas en revue les causes qui peuvent détruire l'équilibre si précieusement établi. Une ligne peut résumer les préceptes d'hygiène qu'il faut imposer en n'oubliant pas que le cœur physique est doublé d'un cœur moral : maintenir la latence par la conservation de la santé physique et morale et l'éloignement de toute cause perturbatrice.

Période de compensation hypertrophique ou de tolérance. — Mais quoi qu'on fasse, à une époque plus ou moins éloignée, sous l'influence d'états pathologiques multiples — maladies à déterminations pulmonaires, d'une grossesse..., etc., — ou simplement par l'effet d'un fonctionnement prolongé des organes et de la rétraction cicatricielle de la lésion, il arrive que l'harmonie est compromise et que le cœur entre en lutte et par conséquent s'hypertrophie pour rétablir l'équilibre circulatoire. C'est le commencement de la phase vraiment pathologique, phase de tolérance par la compensation qui est rapide et même antérieure (pour le ventricule gauche) à la lésion orificielle dans le rétrécissement scléreux ; tardive dans la sténose rhumatismale qui survient vers la quinzième année et surtout dans la sténose infantile ; précoce dans le rétrécissement rhumatismal de l'adulte et d'autant plus précoce que l'adaptation générale est peu marquée, que les valves épaissies, hypertrophiées offrent un obstacle plus considérable au passage du sang.

Ce qu'il convient de faire à cette phase de compensation, c'est d'écarter toute cause capable de provoquer une nouvelle poussée d'endocardite ou de myocardite, de modérer ou tout au moins de régler l'activité musculaire, de supprimer les excès ou les erreurs de régime qui ont un retentissement si fâcheux sur le cœur, comme nous l'avons exposé longuement, les agitations morales, etc.

Doit-on, comme l'a conseillé Œrtel, soumettre ces malades à un travail musculaire méthodique (cures de terrain) pour augmenter l'hypertrophie compensatrice et rendre le cœur plus apte à fournir un travail plus considérable ? Comme le font remarquer MM. Potain et Huchard, cette pratique est peu conforme à la logique des faits « l'hypertrophie ne manque guère aux lésions organiques des orifices du cœur, et quand elle fait défaut, c'est la plupart du temps qu'elle ne servirait à rien » (Clinique médicale de la Charité).

M. Potain admet cependant qu'il est avantageux de soumettre ces malades à un entraînement méthodique lent par l'usage de la gymnastique suédoise et plus tard par la marche en terrain ascensionnel sur une pente modérée, en faisant accompagner l'effort, qui doit être léger, d'un mode de respiration particulier (expiration retenue et allongée maintenant une tension élevée dans le thorax et modérant l'afflux du sang veineux dans le cœur (Cliniq. médic. de la Charité).

Mais la difficulté de mesurer suivant chaque cas particulier et dans ces conditions un travail musculaire qui, dépassant son but, peut, au lieu de favoriser l'hypertrophie compensatrice, provoquer la cardiectasie, nous amène à préférer avec M. Huchard aux cures dites de terrain une cure de repos *actif*, plus logique et, nous le croyons, plus véritablement thérapeutique.

Nous pensons qu'au lieu d'augmenter le travail du cœur central il faut au contraire l'économiser et « soulager l'organe en ouvrant en quelque sorte le cœur périphérique représenté par tous les vaisseaux. »

Cette action sur le cœur périphérique est réalisée par l'emploi judicieux et raisonné de la gymnastique suédoise, par des contractions musculaires modérées qui font passer dans les muscles en mouvement cinq fois plus de sang que dans les muscles au repos, par un massage méthodique. Elle est encore réalisée par l'emploi prudent des eaux minérales (Bourbon-Lancy) qui, par leur composition chimique, possèdent une action résolutive diurétique et parfois laxative ; une action révulsive, qui sagement et prudemment dirigée, a pour résultat de favoriser la circulation périphérique au profit de la circulation centrale (Voir in Thèse Piatot. Paris 1898. — Traitements des maladies du cœur par l'hygiène et les moyens physiques).

La thérapeutique ainsi comprise « ne se contente pas de voir un cœur à fortifier, mais aussi un cœur à soulager, elle ne considère pas seulement le cœur central, elle vise le cœur périphérique, et s'il est naturellement vrai que nous ne guérissons qu'exceptionnellement les valvulites chroniques ou les scléroses vasculaires définitivement constituées, nous pouvons au début en arrêter l'évolution progressive à la condition de nous conformer à ces principes que j'ai naguère exposés en 1889 et en 1893 dans mon Traité des maladies du cœur » (Huchard).

C'est surtout dans la sténose des artérioscléreux que l'on peut dire le plus justement que l'obstacle siège surtout au cœur périphérique. En raison de la perte de l'élasticité qui économise le travail du cœur, en raison du spasme artériel, la résistance périphérique est énorme et doit être pendant longtemps le principal objet de la thérapeutique. C'est là surtout que si le danger est au cœur, il vient de la périphérie.

En somme, l'hygiène et les moyens mécaniques que nous venons d'exposer joints à une alimentation appropriée constituent toute la thérapeutique utile à prolonger cette période de tolérance, même si quelques signes de défaillance cardiaque se manifestent.

Tonifier alors l'organe central d'une aptitude fonctionnelle amoindrie, le solliciter quand il est déjà insuffisamment nourri (cœur cardiaque, cœur scléreux), à triompher, par une médication spéciale ou par un entraînement musculaire dangereux, d'une résistance périphérique considérable — veineuse ou artérielle —, est une erreur nosologique et thérapeutique.

C'est méconnaître une grande partie du problème et courir le risque de précipiter l'insuffisance du myocarde, de rompre la compensation qu'il s'agit de maintenir à tout prix. Ouvrir les voies de la circulation périphérique (déplétion veineuse, massage, balnéation, etc) c'est protéger et soutenir vraiment le cœur central.

Période des troubles fonctionnels. — De quelques soins, qu'on entoure cependant le rétrécissement mitral, comme toutes les autres cardiopathies, il est impossible de faire durer indéfiniment les périodes d'adaptation et de compensation. Les conséquences de la lésion cardiaque apparaissent fatalement plus ou moins tard, si l'on fait exception de quelques cas de retrécissement mitral infantile.

Alors l'hygiène devient insuffisante, la thérapeutique doit intervenir à son tour pour combattre en chacun des organes affectés les troubles qu'y produisent la stase sanguine de l'autre pour atténuer la perturbation du cœur lui-même à l'aide des moyens agissant spécialement sur lui et dénommés pour cette raison médicaments cardiaques.

Est-ce à dire qu'il faille recourir dès lors à ces médicaments dont le type est la digitale? Non. Les stases veineuses et viscérales peuvent être avantageusement combattues par la saignée (surtout si la stase pulmonaire est excessive) et par le massage des membres et de l'abdomen. Il y a en effet dans la cavité abdominale une circulation veineuse abondante (veines mésaraïques et veine-porte) sur laquelle il faut agir de bonne heure parce qu'elle constitue un symptôme précoce de l'insuffisance du myocarde. Grâce au régime lacté, grâce surtout à l'emploi de ces moyens mécaniques, l'équilibre entre le cœur et la circulation périphérique se rétablit consécutivement à l'apparition d'une diurèse abondante que le massage abdominal produit par le même mécanisme que la digitale. « L'augmentation des urines coïncide par l'emploi du massage et de la digitale avec le vaso-dilatation et la diminution de la tension artérielle succédant promptement à un état de vaso-constriction et d'hypertension artérielle. » (Huchard). Elle est liée à l'accroissement de la vitesse du sang dans le rein bien plus qu'à l'élévation momentanée de la tension artérielle. C'est ainsi qu'on épargne en vue de l'avenir l'emploi de la digitale, qu'on prolonge, nous le croyons fermement, la survie. Car la digitale devenant moins efficace à mesure qu'on en répète l'emploi plus souvent, son action s'émoussant à la longue, est souvent nuisible quand elle n'est pas nécessaire. Il faut donc jusqu'ici réserver l'action de ce médicament. A plus forte raison pensons-nous que la fréquence, l'inégalité, l'irrégularité du pouls dans le rétrécissement mitral doivent être combattues par un régime alimentaire approprié à leur cause productrice la plus fréquente, nous voulons dire l'estomac.

D'autant plus que celui-ci, quand il est atteint de désordres fonctionnels, n'est pas en état d'en supporter l'usage sans qu'*on risque de voir survenir* des nausées, des vomissements, de l'affolement du cœur, une dilatation aiguë du cœur droit.

C'est seulement quand ces désordres fonctionnels du cœur n'ont pas une origine gastrique, que l'on peut employer la digitale pour les faire disparaître.

Avec l'asystolie vraie, apparaît enfin l'usage de la digitale qui est dès lors la grande ressource thérapeutique. Elle doit être employée à doses modérées et peu prolongées, jusqu'au jour où l'asthénie cardiaque excessive pourrait, sous l'influence de cette médication, s'augmenter, le cœur répondant moins alors que la périphérie capillaire et recevant de ce fait une augmentation de travail qu'il est incapable de surmonter (Potain).

Cette contre-indication est d'ailleurs exceptionnelle ; il est difficile de se rendre compte exactement du degré de l'asthénie, et dans certains cas où le muscle cardiaque avait presque complètement disparu, la digitale avait cependant produit ses effets accoutumés, grâce à son action principale sur les nerfs du cœur.

En somme, si comme l'a dit Laennec, on réussit à faire vivre pendant de longues années certains malades, avec des maladies du cœur plus ou moins graves, nous pouvons écrire que c'est dans le rétrécissement mitral pur, que la survie peut atteindre la plus grande étendue (rétrécissement infantile surtout). L'hygiène bien réglée, l'emploi judicieux des agents mécaniques, retardent longtemps l'asystolie, et donnent des résultats plus durables que l'usage et surtout l'abus des médicaments cardiaques. Ceux-ci ne sont indiqués que dans la phase d'asystolie.

CONCLUSIONS

I. — Le rétrécissement mitral pur comprend plusieurs variétés, dont trois :

1° Le rétrécissement infantile, de beaucoup le plus fréquent ;

2° Le rétrécissement rhumatismal assez rare ;

3° Le rétrécissement artérioscléreux rare,

sont établies par la clinique et l'anatomie pathologique.

Une quatrième variété, dite rétrécissement spasmodique, incomplètement démontrée par l'observation clinique, ne doit pas être admise sans réserves.

II. — Le rétrécissement mitral pur comporte un pronostic variable :

Peu favorable dans la variété scléreuse.

Assez favorable dans la variété rhumatismale, et d'autant plus favorable que la lésion orificielle survient avant l'achèvement de la croissance.

C'est pourquoi ce pronostic est relativement bénin dans la variété infantile qui, de toutes les affections du cœur, est la plus compatible avec une longue existence.

III. — Les conditions de la longue survie dans la sténose rhumatismale des jeunes adolescents et *surtout dans la sténose infantile* qui constitue la *très grande majorité* des cas de rétrécissement mitral pur, sont d'une part *générales*, d'autre part *locales*.

Les conditions générales consistent dans le phénomène de l'adaptation de l'organisme à la lésion, adaptation générale, passive, d'autant plus complète que l'affection débute dans le jeune âge, qui en déterminant une sorte d'infantilisme mitral a pour effet d'annihiler les effets de la lésion par le mécanisme de la diminution fonctionnelle des autres organes, de créer en un mot l'harmonie nécessaire entre le cœur et l'organisme tout entier.

Elles consistent aussi dans l'intégrité fonctionnelle, dans la résistance et l'absence de toute tare antérieure de chaque viscère, du foie et de l'estomac en particulier dont les relations morbides avec le rétrécissement mitral sont si importantes.

Les conditions locales résident dans le degré et la nature de la lésion, dans la valeur du myocarde, dans l'hypertrophie compensatrice de l'oreillette gauche d'abord et du ventricule droit ensuite.

IV. — Il convient d'accorder aux conditions générales une importance de premier ordre, au moins égale à celle des conditions locales, et de séparer nettement ces deux phénomènes qui sont bien distincts :

1° L'adaptation, acte passif, biologique, général, qui explique la longue durée de la période de latence.

2° La compensation, acte de lutte, pathologique dès

son apparition, restreint, qui caractérise et prolonge la période de tolérance.

Ces deux phénomènes se réunissent d'ailleurs à la longue pour retarder, avec l'aide des organes, les troubles fonctionnels et l'asystolie.

V. — L'hygiène physique et morale d'abord, les moyens mécaniques ensuite doivent constituer pendant très longtemps toute la thérapeutique destinée à reculer la rupture de l'équilibre circulatoire.

La digitale doit être, comme les autres médicaments cardiaques, réservée à la période d'asystolie.

TABLE DES MATIÈRES

CHAPITRE III

IMPRIMERIE FR. SIMON, SUCC^r DE A. LE ROY

IMPRIMEUR BREVETÉ.

A LA MÊME SOCIÉTÉ D'ÉDITIONS

Imp. FR. SIMON, Rennes (2616-98).

www.ingramcontent.com/pod-product-compliance
Ingram Content Group UK Ltd.
Pitfield, Milton Keynes, MK11 3LW, UK
UKHW020416230726
13925UKWH00004B/1460

9 782016 168080